水路のこんな症状を見つけたら

コンクリート水路に発生する不具合にはさまざまな種類があります。みなさんの水路にこんな症状はありますか？

ひび割れ（縦方向）

穴あき

ひび割れ（斜め方向）

ひび割れ（亀甲状・網目状）

点検・診断

簡易補修ができるトラブルのみきわめ

（1）目地の開き・損傷

水路のトラブルでもっとも多いのが目地の開き・損傷です。目地からの漏水は、目地材の劣化などにより生じるのが一般的です。この場合は、目地を補修材でふさげば漏水を止めることができるので、農家自身での簡易補修が可能です。

補修したモルタルが割れて剥がれてきている

シーリング材が劣化し、剥がれている

モルタルが目地の動きについていけずにひび割れが生じている

水路基盤の洗掘、漏水による周辺地盤の流出や用水不足が起きている場合は、簡易補修を速やかに実施する

簡易補修できない目地の不具合

地震や地盤沈下などによって水路自体がずれて目地が開き、漏水していることもあります。この場合は目地の開きも大きく、段差ができていることが多いので見分けが簡単につきます。

段差のある目地の開きは水の流れを阻害し、水路自体も不安定な状態にあります。このため目地をふさぐ簡易補修だけでは不完全であり、水路自体を布設替えする必要があります。

この水路は地震によって側壁が変形している

広範囲にわたって水路の沈下が生じている

広範囲にわたって水路の段差、蛇行が生じている

（2）ひび割れ

目地の開き・損傷の次に多いトラブルはひび割れです。ひび割れは、その発生原因によって簡易補修できるものとできないものに区分されます。

写真のように縦にできたひび割れは、おもにコンクリートが固まるときに発生します。このようなひび割れは、本数も少なく、間隔をあけて発生している場合が多いものです。現地で生コンクリートを打設してつくられたコンクリート水路には必ずといってよいほど見られるひび割れであり、自動車など外からの大きな力によるものとは異なり、今後大きく発達することはないので農家自身による簡易補修が可能です。

※工場で製作されたベンチフリュームなどの二次製品水路は、最初からひび割れが入っていることはないので、もしあれば近くを大型車両が通るなどして大きな力が加わって発生した可能性が高いといえます。

縦方向のひび割れが裏側まで貫通している場合は、漏水するので補修を実施。表面だけのひび割れは当面問題なし。その他のひび割れは重大な破損につながる場合があるため、症状を記録して専門家に相談する

簡易補修できないひび割れ

網目状や亀甲状のひび割れ（下の写真左・中）は、凍害やアルカリ骨材反応と呼ばれる現象によって発生している可能性が高いものです。ひび割れがどんどん成長していくので、簡易補修での修復は不可能です。

斜めに走るひび割れ（下の写真右）は、地震や地すべりなど外から大きな力が加わって発生した可能性があります。また、大型車両が水路脇を通ったときや、水路をトラクタが乗り越えたときにもコンクリートが割れてしまうことがあります。

こうしてできたひび割れの補修は、大がかりな工事が必要になります。また、車両などによるひび割れは、補修しても繰り返される可能性が高いので、水路の設置位置や構造の見直しが必要になります。

そのほか、塩害やコンクリートの中性化（コンクリートは元来アルカリ性）により、茶色い錆び汁が見られるひび割れがありますが、これは鉄筋の腐食対策や塩分原因物質の遮断など大がかりな対策が必要になるので、農家による簡易補修は不可能です。

凍害による亀甲状、網目状のひび割れ

アルカリ骨材反応による亀甲状、網目状のひび割れ

斜めに走るひび割れは外部から大きな力を受けたことを物語る

点検・診断

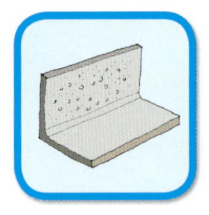

（3）摩耗による表面の凸凹

長い間水流にさらされているうちにコンクリートの表面が摩耗し、中の砂利が表面に現れてくることがあります。よほどひどい状態の時には、専門業者に補修を頼みます。

コンクリート水路は、長期間使用しているうちに水の流れによってコンクリートが摩耗して、粗骨材といわれるコンクリート中の砂利が表面に現れることがあります。これは、よほどえぐれるなどしていないかぎり問題はありません。

ただし、症状が進行すると壁自体が薄くなって不安定になってきます。放置しておくと穴が開くことにもなりかねません。ときどき、粗骨材が大きく剥がれ落ちていないかどうかを点検するのがよいでしょう。表面の凸凹がかなりひどい場合、たとえば粗骨材がはがれている状態であれば、壁の厚さを修復する作業が必要になるので、専門業者に補修を依頼します。

一様に砂利などの粗骨材が露出している場合は流水、流砂による摩耗が原因になっていることが多い

（4）穴あき

ジャンカと呼ばれるコンクリート表面の穴あきは、壁の反対側まで貫通することもありますが、穴の深さが3cm未満であれば簡易補修が可能です。

写真にあるようなコンクリート壁の穴あきはジャンカと呼ばれるもので、コンクリートを打設したときの締め固め不足などによって発生します。そのまま放っておくと中の鉄筋が腐食したり、粗骨材が剥がれていって、壁の反対側まで穴が貫通したりすることもあります。

表面を叩いても粗骨材が剥がれず、穴の深さが3cmくらいまでであれば補修材でふさぐだけの簡易補修による対応が可能です。

局所的に大きくくぼんでいるジャンカと呼ばれる穴あき。深さが3cm程度なら簡易補修が可能

農家による簡易補修の対象となるのは、水田の周りにある小規模な水路であるとご理解ください。人の背を超えるような深さのある大規模な水路は、作業に危険をともない、補修する量も多くなるので、安全面や効率の面から補修は専門業者に任せます。

農業用水路の簡易補修判定一覧　―目地の開き・損傷、ひび割れ、摩耗、穴あきなど―

タイプ	症状	特徴と原因	対策	簡易補修の可否
目地の開き		目地材の劣化により、目地材が完全に剥離した場合に生じる	漏水防止の処置　補修材としてシーリング材、止水セメント、モルタル、テープなどが使用できる	○
目地の損傷		モルタルなど固まった後に伸び縮みしない材料では、目地の動きに追従できずに割れてしまう		○
ひび割れ（縦方向）		コンクリートが固まるときに発生するひび割れであり、それ以上成長する可能性は低い。本数も少なく、間隔をあけて発生している場合が多い		○
ひび割れ（斜め方向）		地震や地すべり、大型車両の通行など外から大きな力が加わって発生した可能性が高い	重大な損壊につながる場合があるため、状態を記録し専門家に相談（水路の設置位置や構造の見直し、鉄筋の腐食対策や塩分などの原因物質の遮断など大がかりな対策が必要）	×
ひび割れ（亀甲状・網目状・直線）		凍害や塩害、アルカリ骨材反応と呼ばれる現象によって発生している可能性が高い。ひび割れがどんどん成長していく		×
摩耗		表面に凸凹がある。水の流れによりコンクリートが摩耗して、粗骨材といわれるコンクリート中の砂利が表面に現れることにより生じる	コンクリート粗骨材がはがれているなど状態が悪化していく場合、専門業者に補修を依頼（壁の厚さを修復する作業等）	×
穴あき		コンクリートを打設したときの締め固め不足などにより発生する。放っておくと中の鉄筋が腐食したり、粗骨材が剥がれ、壁の反対側まで穴が貫通することもある	専門業者に補修を依頼。ただし表面を叩いても粗骨材が剥がれず、穴の深さが3cm程度までであれば簡易補修による対応が可能	△
沈下・たわみ・変形		広範囲にわたって構造物の沈下や蛇行、段差が生じている場合は地盤沈下が原因。周辺地盤の陥没、ひび割れ、背面土の空洞化が生じている場合は土砂の流出が原因。たわみ、変形は目視で確認でき、周辺地盤の外力が原因	重大な損壊につながる場合があるため、状態を記録し専門家に相談	×

多面的機能支払の活動組織で診断・計画作り

活動組織では、水路の点検・診断をもとに、補修の実施計画を立てます。たとえば診断時に撮影した写真を並べて、みんなで地図を見ながら、今年補修するところ、来年以降に実施するところなどを決めていくのもよいでしょう
（写真：秋田県湯沢市　萬古清風地域資源保全隊）

補修の前に

建築用シーリング材を使ってみよう

従来、目地の簡易補修にはモルタル(注)が使われてきましたが、耐久性に問題がありました。モルタルに代わる補修材料として扱いやすく、簡単に手に入る「建築用シーリング材」を紹介します。

ふつうのモルタルでは目地の動きについていけない

せっかくモルタルで補修したのに、すぐひび割れてしまった。そんな経験はありませんか？ 実はこれ、目地が閉じたり開いたりするために起こる現象なのです。

コンクリート水路といえども気温の変化に合わせて伸びたり縮んだりして動いています。一般的に、現場打ちコンクリート水路には約10mごとに目地が設けられていますが、この場合、温度が1℃変化すると、目地で区切られた水路の長さが0.1mm程度伸び縮みします。このため、目地の幅が夏と冬とでは数mm違うことになるのです。また、小規模水路に多い二次製品水路は、約2mごとに目地が設けられているので、伸縮は現場打ちコンクリート水路の5分の1程度ですが、やはり動いています。

目地は季節や1日の気温の変化に合わせて動いているので、ふつうのモルタルのように伸縮しない材料では、目地の動きについていけずに割れてしまうのです。

コンクリート水路の目地に使われたモルタル。目地の動きについていけずにやがて割れてしまう

注：ここでいうモルタルとは、砂とセメントに水を加えて練る一般的なものを指します。最近では水路の補修用に開発されたモルタルもあり、簡易性などにすぐれたものもあります。

水路目地の簡易補修工法 選択早見表

工法	簡易性	耐久性（劣化）	伸縮・追随性（ひび割れ）	価格	入手のしやすさ	作業内容	特徴
モルタル	△	△	×	◎	◎	・清掃、研磨、はつり後、目地に塗布 ・グラインダー、コテ仕上げを要する	目地のわずかな伸縮に追従できずひび割れや剥がれを生じる
シーリング材（シリコン系・ポリウレタン系）	○	△	◎	○	○	・清掃、研磨、はつり後、目地に塗布 ・グラインダーが必要 ・塗布時の成型に慣れが必要	・伸縮追従性が高い。安価で入手も容易 ・シリコン系は多くの実績があるが下地処理、施工不備による再劣化多数あり ・ポリウレタン系は重ね塗りによる長寿命化の可能性大。シリコンほど多くは使用されていない
接着型テープ（シリコン系、ポリウレタン系、エポキシ樹脂）	○（エポキシは△）	◎	◎	○	△	・清掃後、樹脂を塗布してシートを接着 ・研磨、はつりは不要 ・グラインダーは不要	樹脂の紫外線劣化を防止できるので、シーリング処理のみの場合より耐久性が高い
粘着型テープ	◎	△	◎	(○)	—（現在開発中）	・下地処理後、テープを貼るのみ ・研磨、はつりは不要 ・グラインダーは不要	凹凸が大きいと止水効果と粘着力が大きく下がる

※価格は1mあたり1,000円以下を◎、1,000円～2,000円を○とした
※耐久性は1～3年が△、5年以上を◎とした
※はつり：コンクリート製品を削ったり、切ったり、穴をあけたりする作業全般の通称

おすすめは建築用シーリング材

　モルタルの短所を補う補修材料としておすすめする建築用シーリング材は、次のような特徴を持っています。
・目地の動きに追従できる
・安価で手に入りやすい
・施工が容易
　下の写真でわかるように、シーリング材は固まってもゴムのような弾性を持つので目地の動きに追従できるのがモルタルとは大きく異なる長所です。

シーリング材はホームセンターなどで一般的に売られているので入手しやすく、水を加えたり、他の材料と混ぜたりする必要がないのでとり扱いも簡単

左からふつうのモルタル、シリコン系シーリング材、ポリウレタン系シーリング材の追従性の実験結果。ハンマーで叩くとモルタルだけは簡単に壊れてしまう

シリコン系(左上写真)、ポリウレタン系(左下写真)のいずれもゴムのような弾力があり、目地の動きにも追従できる性質を持つ

シリコン系とポリウレタン系

市販されているシーリング材には大きくわけてシリコン系とポリウレタン系の2種類があります。

シリコン系の特徴
・比較的安価
・プライマーで耐久性を確保
・早く硬化がはじまる
※プライマー：下塗りして使用する接着剤

ポリウレタン系の特徴
・異なる種類のシーリング材の上に重ね塗りできる
・プライマーを使用しなくとも耐久性が得られる
・硬化がはじまるのが遅い

　シリコン系はプライマーの使用が必須であること、注入後早く硬化がはじまるため手早く作業する必要があることなどから、どちらかというと慣れた人向けです。作業に慣れず時間がかかることが予想される場合は、ポリウレタン系を使うのが無難といえるでしょう。最近では、両者の利点を備えた変成シリコンが製品化されています。
(シーリング材は製品によって使用方法が異なりますので注意書きなどよく読んでお使いください)

　シーリング材はコンクリート水路の簡易補修に適した材料といえますが、どれくらいの期間にわたり使用に耐えられるかについては、はっきりとわからないのが現状です。なぜなら、農業用水路での使用を前提に作られた補修材料ではないため、風雨にさらされ、日光が当たり、水がかなりの速さで流れるという使用環境下で、どのくらいの期間剥がれたりせずに漏水を止められるかというデータがないからです。したがって、10年、20年という長期間の使用に耐えられるものではなく、2～3年もてばよいという程度に考えておいたほうが無難です。
　ちなみに、現場の水路で行なっている補修実験では、約4年経過した現在でも異常は見られません。

補修の実際

はじめてでもできる シーリング材での補修

シーリング材など水路の簡易補修を行なうための道具や材料は、いずれもホームセンターなどで購入できますから、ぜひ試してみてください。以下に補修作業の手順をご紹介します。

簡易補修の道具・材料

水路のトラブルタイプによって簡易補修の方法が異なり、それに伴って用意する道具と材料が一部変わってきます。どのような不具合かを確かめたうえで、補修の準備をするようにしてください。

タイプのみきわめ

1 目地の開きが1cm以上 → シーリング材注入

目地の開きが1cm以上ある場合は、シーリング材を埋め込むようにして補修します。開きが大きいときはバックアップ材（底上げする詰めもの）を目地に詰め込んでから補修します。開きが1cm未満であってもシーリング材を目地奥まで入れられるなら、この方法が可能です。

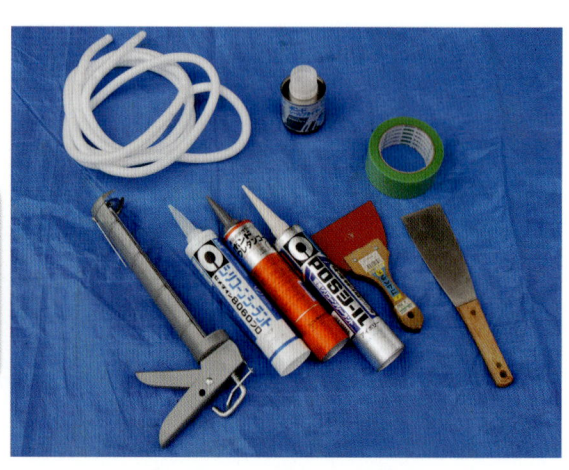

使用する道具・材料
上段左からバックアップ材、プライマー（接着剤）、マスキングテープ　下段左からコーキングガン、シーリング材（左よりシリコン系、ポリウレタン系、変成シリコン系）、ゴムベラ、金ベラ

2 目地の開きが1cm未満 → シーリング材塗布 ＋ 接着型テープ被覆

目地の開きが1cmより狭い場合は、シーリング材が目地奥まで入らないことがあります。その場合にはシーリング材を目地に塗り付けてからテープを貼る方法で施工します。

使用する道具・材料
上段左から接着型テープ（幅10cm）、曲尺（差金）、油性ペン、マスキングテープ　下段左からコーキングガン、シーリング材、カッターナイフ、ゴムベラ

実験

**清掃の有無でシーリング材の接着力が
どれだけ違うか、簡単な実験をしてみました。**

清掃あり　　清掃なし
白色は変成シリコン系、灰色はポリウレタン系のシーリング材

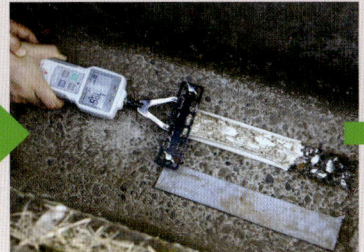

電子式のばねばかりでシーリング材を引きはがし、接着力を計測。数値が大きいほど接着力が高い

清掃あり　　　清掃なし
107.4 N　　　10.4 N

写真右の清掃しなかったところのシーリング材には汚れがびっしり。また、接着力は変成シリコン系でおよそ10倍、ポリウレタン系ではおよそ3倍もの開きがありました。

※N：ニュートン（ばねばかりの数値）

事前の清掃

事前の清掃が成否のポイント

補修箇所に泥などが付いたままでは、高性能の補修材でもすぐに剥がれてしまいます。シーリング材を使う場合は、清掃が補修の成否を左右するポイントです。また、補修箇所が乾いていることが重要で、高圧洗浄機などを使った場合はよく乾かしてから作業します。

左から草刈鎌、庭ほうき、デッキブラシ（ポリエチレン製・ワイヤー製）、ワイヤーブラシ、金づち、たがね
このほかに、シーリング材は直接触れるとアレルギー症状を引き起こすことがあるので軍手など手袋は必須

水路内のゴミをきれいに掃く

目地まわりのゴミや詰められた物など、とれるものはすべてとり除く

たがねとハンマーを使って目地のコンクリート片もとり除く

目地の間にたまっている泥や砂利もとり出しておく

コンクリートの壁面、底面の汚れをワイヤーブラシで擦りとっておく

次ページへ

補修の実際

補修の手順　目地の開きが1cm以上の場合
（シーリング材注入）

1　清掃完了

ワイヤーブラシをかけ終わってきれいになった補修ポイント

2　バックアップ材充填

目地のすき間が大きいときにはバックアップ材を充填する。バックアップ材は5mm程度から各種サイズがある

3　マスキングテープ貼り

マスキングテープは目地際いっぱいに貼る

4　シーリング材の口をカット

シーリング材の口はカッターなどで切りとる。斜めに切っておいたほうが目地に注入しやすい

5　コーキングガン装着

押し出し棒を引いてカートリッジをコーキングガンにセットする。トリガー（引き金）を引くとシーリング材が出ていく

6　シーリング材注入

シーリング材は多すぎると思うくらい目地にたっぷり注入する（プライマーが必要な材料もあります）

7　金ベラで塗り伸ばす

たっぷりのシーリング材を金ベラで均一に塗り伸ばしていく

8　マスキングテープをはがす

塗り終わったところでマスキングテープをはがす。シリコン系は硬化がはじまるのが早いので手早く行なう

9　完成

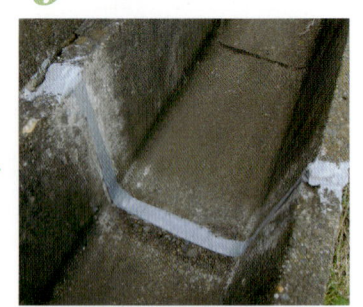

作業完了。乾きはじめたらさわらない。翌日以降にしっかり乾き、硬化していることを確認してから通水する

ここがポイント　ヘラの手入れはシンナーが便利

シーリング材を伸ばしたりならしたりするヘラは、使い終わったらすぐにシンナーでふきとっておきます。布にシンナーを浸み込ませてふきとると、すぐにきれいになります。そのまま硬化させてしまうと次回に使いにくくなったり、使えなくなってしまう場合があるので注意してください。

補修の手順　目地の開きが1cm未満の場合
（シーリング材塗布＋接着型テープ被覆）

1 清掃完了
清掃完了の確認にガムテープを貼ってみる。しっかりくっ付くようであればOK

2 マスキングテープ貼り
目地に貼る接着型テープの幅約10cmを空けてマスキングテープを貼る。油性ペンで印をつけるとまっすぐに貼れる

3 接着型テープを準備
目地に接着型テープを合わせて長さを測り、少し長めに切っておく

4 シーリング材を塗る
目地にシーリング材をたっぷりと塗っていく。コーナーにはより多めに塗る

5 ゴムベラで塗り伸ばす
ゴムベラを使ってシーリング材を塗り伸ばしていく。かきとらず、厚めに残すのがコツ

6 接着型テープを貼る
曲がらないように注意して接着型テープを貼る。とくに底面の角にすき間を作らないように貼ることが長持ちのコツ

7 マスキングテープをはがす
シーリング材が乾かないうちにマスキングテープをはがす

8 テープの際を圧着する
接着型テープとコンクリートにすき間を作らないようにテープの際を圧着していく。角はとくにしっかり

9 完成
作業完了。翌日以降にしっかりと硬化し、テープが貼りついていることを確認してから通水する

ここがポイント　補修作業は水路をよく乾かしてから

シーリング材の接着効果を確保するために水路は乾いた状態にしておきます。①雨の日に補修作業は行わない、②水路の通水は前日に止めておく、③水分はぞうきんやスポンジで吸いとる、④それでも乾かないときはバーナーなどを使う。清掃と乾燥の徹底。これが補修を成功させる鉄則です。

補修の実際

ひび割れ補修と応急補修

割れ幅の狭いひび割れの補修の際、通常はディスクグラインダーなど電動式の研磨機で切込みをいれ、補修材料を注入します。電動式の工具が使用できない場合は、シーリング材を目地周辺部に塗布後、テープを貼り付ける方法が考えられます。穴あきなどによる急な漏水などを止めるための応急的な補修も知っておくと役に立ちます。

ひび割れも目地の仲間

　ひび割れも目地と同じように温度変化によって閉じたり開いたりしているので、この補修に用いる材料は、基本的に目地補修に用いるものと同じシーリング材です。とくに水路の外側まで貫通したひび割れは、漏水が生じていることが多く、自然にできた目地といってもよいものです。

　ただし、目地と比べるとひび割れは幅が狭いため、シーリング材を中に充填することがむずかしく、またシーリング材をひび割れの表面に塗りつけても、水の流れによってすぐに剥がれてしまいます。

　そこで、シーリング材がしっかりと補修箇所に貼り付き、簡単には剥がれないようにするために次のようなシーリング材の充填方法を行ないます。

縦方向のひび割れは簡易補修可能

ディスクグラインダーでU字カット

　コンクリートのひび割れの上をU字状にカットして、その中にシーリング材を充填します。コンクリートのカットは、ディスクグラインダー(携帯型研磨機)に、コンクリートサンダーと呼ばれる研磨用の刃を装着して行ないます(どちらもホームセンターで購入できます)。

　ディスクグラインダーは、使い方を誤ると重大な事故を引き起こす場合があるので、とり扱いには注意が必要です。とくに、刃のとり替えや試運転については労働安全衛生法の規定による特別教育(講習会は各種技能講習を行なう公益団体や専門学校、建設機材会社などで開催)を受けた人が行なわなければなりません。

U字カットによるひび割れ補修法

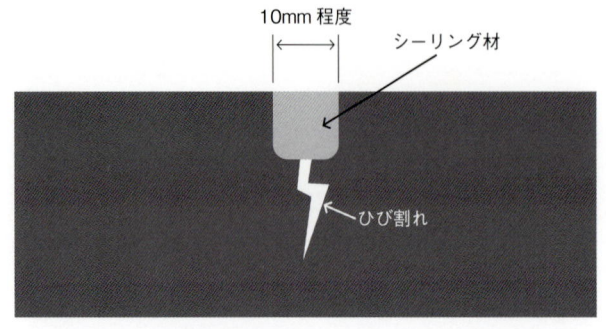

シーリング材だけで補修する場合は、ひび割れの上をU字状にカットしてからシーリング材を充填する

ディスクグラインダーで目地やひび割れに切り込みをいれ、シーリング材が注入できる空間をつくる

穴あきの応急補修にはパテが便利

　地震の後などに目地が開いたり、水路壁に穴が開いたりして、急な漏水が発生することがあります。漏水箇所の上流で水をすぐに止められない場合には、漏水による周辺への被害を防ぐ応急処置が必要になります。急な漏水に対応できる補修方法として、「水中パテ」を使った補修があげられます。

　水中パテは他のシーリング材と違い、水の中でも固まる性質を持っています。材料に水を加えてよく手でこねて、補修箇所に埋め込むだけの簡単なものです。

　ただし、水中パテは目地等の一般的な補修に用いるシーリング材よりも値段がかなり高いので、どうしても今すぐに補修しなければならない箇所に限定して使用したほうがよいでしょう。

水で濡れた面でも接着し固まる水中パテで応急補修

やってみました！ 水路の簡易補修

本書13ページで紹介した簡易補修の実践例です。
（協力：京田辺市・飯岡集落資源保全隊、京都府農地・水・環境保全向上対策協議会）

前日の下準備

点検

補修当日すみやかに作業に入れるよう、前日に水路の補修箇所を点検・確認し、清掃もすませておくことにした

清掃

ワイヤーブラシ、高圧洗浄機を使い、目地付近に付着した泥・ゴミ・コケを徹底的に取りのぞく

清掃後

濡れたままだとシーリング材が十分接着しない。水はスポンジで吸い取り、携帯型のガスバーナーで十分乾かしておいた

補修当日

マスキングテープを貼る

補修箇所を被覆する接着型テープの幅（10cm）に合わせて、あて紙を使いながらマスキングテープ（緑色のテープ）をまっすぐ貼る。シーリング材を均一に塗るため、ヘラも10cm幅のものを用意した

シーリング材を塗る

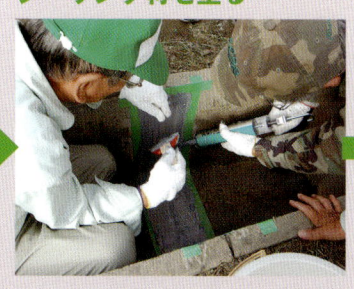

シーリング材を塗る人とヘラで均す人の2人1組で作業。材が硬化しないうちに手早く処理する

作業完了

シーリング材を塗り終えたら接着型テープを被覆し、マスキングテープをはがす。初回は1カ所に30分程度かかったが、慣れてくれば15分程度に作業時間も短縮できそう

動画版

本編
DVD「農地・水・環境保全向上対策」支援シリーズ
共同活動（水路補修）編
水路を長持ちさせるには？
―点検・診断／水路の簡易補修マニュアル（20分）
―補修・管理（20分）

全1枚（2巻分を1枚に収録）15,238円（税別）

安価に購入できる材料を使った水路補修法を紹介し、資材選びから作業の段取り、目地補修の基礎、再劣化を防ぐコツまで解説する。
監修：（独）農研機構 農村工学研究所（名称は、製作当時のもの）

続編
DVD「多面的機能支払 支援シリーズ」No.2
機能診断と補修編（145分）
水路・農道など農業用施設を守る方法

全1枚 10,000円（税別）

農業用施設の機能診断の進め方、水路の補修、農道の簡易舗装など活動組織の実例から学ぶ。
パート1【機能診断】（41分）／パート2【水路の補修】（66分）／パート3【農道の整備】（23分）／パート4【暗渠の清掃】（12分）／【付録】（3分） など

水路の簡易補修・お買い物リスト

名称	チェック	工具、資材	用途	単価の目安（参考）

●事前清掃時に使用するもの

名称	チェック	工具、資材	用途	単価の目安（参考）
泥、コケ等の除去清掃		ほうき、デッキブラシ	泥、ゴミ、コケの除去	300～400円
		スコップ、鋤簾、バケツ等		―
		（高圧洗浄機）		電気式2～3万円 エンジン式15万円前後

そのほか施工面を乾かすものとして、洗車スポンジ、雑巾、カセットコンロ用ガスボンベ、ガスバーナー、土のう、水中ポンプ等

●施工当日、作業班ごとに用意する工具

名称	チェック	工具、資材	用途	単価の目安（参考）
劣化部の除去、研磨		軍手（人数分）	シーリング時は必ず着用	―
		作業マスク（人数分）	ブラシがけ時のほこり対策	100円
		点検ハンマー（先の細い金槌）、皮すき	古いモルタルの除去	400～600円
		金べら	目地のすきまの清掃	600円
		ワイヤーブラシ（人数分）	目地周辺の研磨（すきまには細いブラシが良い）	200円
シーリングの施工		コーキングガン	シーリング材を押し出す	200円
		ゴムべら（幅10cm）	シーリング材をならす	500円
		刷毛	プライマー（接着剤）の塗布	100円

●施工当日、適宜必要なもの

名称	チェック	工具、資材	用途	単価の目安（参考）
施工		マスキングテープ	マスキング	200円
		バックアップ材	深い目地を埋める（目地が狭ければ不要）	300円

そのほか、はさみ、大きめのカッターナイフ、ゴミ袋、施工幅に印をつけるものとして曲尺・メジャーや油性ペンなど

補修に必要な資材

工法	資材	単価		施工長10mあたり
接着型テープ＋ポリウレタン系シーリング材	ポリウレタン系シーリング材	カートリッジ（約320mℓ入り） 700円	10本	7,000円
	接着型テープ（幅13.5cm）※1	100m巻き 110,000円		※11,000円
ポリウレタン系シーリング材のみ	ポリウレタン系シーリング材	カートリッジ（約320mℓ入り） 700円	7本	4,900円
シリコン系シーリング材のみ	シリコン用 プライマー（接着剤）	250g入りの缶 1,000円	1缶	1,000円
	シリコン系シーリング材	カートリッジ（約320mℓ入り） 400円	7本	2,800円
	変成シリコン シーリング材	カートリッジ（約320mℓ入り） 700円	7本	4,900円

※1 接着型テープ（HBテープ）入手先：ショーボンド建設（株）03-6861-8105、ショーボンドマテリアル（株）049-225-5611

ISBN978-4-540-08309-9

C2061 ￥400E

定価（本体400円＋税）

2008年12月19日　第 1 刷発行
2021年11月25日　第16刷発行

監修　農研機構　農村工学研究部門
　　　施設工学研究領域　施設保全ユニット

発行　一般社団法人　農山漁村文化協会
　　　TEL：03-3585-1146　FAX：03-3585-6466
　　　URL：http://www.ruralnet.or.jp/